caimanes BEBÉS

KIM THOMPSON

CREATIVE EDUCATION • CREATIVE PAPERBACKS

CONT

ENIDO

Soy una cría 4

¡Pip, pip! 6

Mi familia 8

Un cazador sigiloso 10

Habla y escucha 12

Palabras de caimán 14

Índice alfabético 16

SOY UNA CRÍA.

Soy un caimán bebé.

Tengo unos
75 dientes
afilados.

Mi mamá puso alrededor de 40 huevos. Los cubrió con hierba y hojas. Yo ya estaba listo para salir del cascarón. Hice un chillido.

¡Mi mamá me escuchó! Destapó el huevo en el que estaba yo. Usé un diente especial para huevos para ayudarme a salir.

Tengo muchos hermanos y hermanas. Somos una manada. Nuestra mamá nos protege.

Mi mamá me lleva en la boca.

Solo mis ojos y mis fosas nasales están por encima del agua.

¡Voy a crecer mucho! Puedo llegar a ser más largo que un automóvil y tan pesado como un oso polar.

Me acerco sigilosamente a las aves y otros animales.

HABLA Y
ESCUCHA
¡GR

¿Puedes hablar como una cría? Los caimanes bebés emiten chirridos y gruñidos.

Escucha estos sonidos:

https://www.youtube.com/watch?v=3WV69cAO1AY

PALABRAS DE CAIMÁN

escudos: placas o escamas óseas duras que cubren y protegen a los caimanes y otros reptiles

fosas nasales: aberturas en la nariz que los animales usan para respirar

manada: un grupo de caimanes jóvenes

salir del cascarón: romper el cascarón de un huevo para nacer

ÍNDICE ALFABÉTICO

agua 10
cola 4
dientes 5, 7
huevos 6, 7
mamá 6-9
nadar 10
ojos.................. 10
patas 4
tamaño............... 11

PUBLICADO POR CREATIVE EDUCATION Y CREATIVE PAPERBACKS
P.O. Box 227, Mankato, Minnesota 56002
Creative Education y Creative Paperbacks son sellos editoriales de The Creative Company
www.thecreativecompany.us

CATALOGING-IN-PUBLICATION DATA ESTÁ DISPONIBLE EN LIBRARY OF CONGRESS
LCCN: 2024053434
Library Binding ISBN: 9798889898504
Paperback ISBN: 9781682778906
eBook ISBN: 9798889899297

DISEÑO Y PRODUCCIÓN
Diseño por Rhea Magaro
Producción de Beeline Media and Design, Inc.
Dirección artística de Tom Morgan

FOTOGRAFÍAS de dominio público/FWC, 7; Shutterstock/Elliott Cowand Jr, portada, Stile Art, 2-3, Robert Eastman, 4, Puffin's Pictures, 5, BEST-BACKGROUNDS, 6-7, Deborah Ferrin, 8, Svetlana Foote, 9, Heiko Kiera, 10-11, 14, Mark_Kostich, 11, Lindsey O, 12, Bohbeh, 13

Impreso en los Estados Unidos de América